DIE ATOMIONEN CHEMISCHER ELEMENTE
UND IHRE KANALSTRAHLEN-SPEKTRA

VON

DR. J. STARK
PROFESSOR DER PHYSIK
AN DER TECHNISCHEN HOCHSCHULE AACHEN

MIT 11 FIGUREN IM TEXT UND AUF EINER TAFEL

BERLIN
VERLAG VON JULIUS SPRINGER
1913

Alle Rechte, insbesondere das der Übersetzung
in fremde Sprachen, vorbehalten.

ISBN-13: 978-3-642-90425-7   e-ISBN-13: 978-3-642-92282-4
DOI: 10.1007/978-3-642-92282-4

Vorwort.

In der letzten Zeit sind mehrere Untersuchungen von mir und meinen Mitarbeitern über die Spektra der Kanalstrahlen einer Reihe von chemischen Elementen bereits erschienen oder werden demnächst veröffentlicht werden. Entsprechend ihrer Aufgabe sind diese Spezialuntersuchungen so eingehend gehalten, daß der Fernerstehende weder alle Einzelheiten überblicken kann, noch für sie sich interessieren wird. Da indes ihre Resultate von Bedeutung für die elektrische Struktur der chemischen Atome sind, so mag an diesen auch der nicht spektralanalytisch tätige physikalische Fachgenosse und auch mancher Chemiker Interesse finden. Aus diesem Grunde habe ich mich entschlossen, der Öffentlichkeit eine kurze Übersicht über jene spektralanalytischen Untersuchungen und die aus ihnen sich ergebenden Folgerungen über die Struktur des chemischen Atoms zu unterbreiten.

Die drei ersten Abschnitte der vorliegenden Schrift bilden in der Hauptsache den Inhalt eines Vortrages auf der diesjährigen Versammlung Deutscher Naturforscher und Ärzte in Wien. Sie sind in dieser Schrift durch Zusätze und fünf weitere Abschnitte für den Zweck jener Übersicht vervollständigt worden. Die gegebenen Literaturnachweise werden dem Interessenten überall das Zurückgreifen auf die Originalabhandlungen ermöglichen.

Aachen, im September 1913.

Inhalt.

Seite
1. Stoß-Ionisierung chemischer Atome 7
2. Die positiven Atomionen als Träger von Serienlinien . . . 12
3. Spektra verschiedenwertiger Atomionen desselben Elements. 17
4. Bogen- und Funkenspektra chemischer Elemente 24
5. Mehrfache Ionisierung chemischer Atome und die Zahl ihrer Valenzelektronen 28
6. Zwei Arten negativer Elektronen im chemischen Atom? . . 31
7. Stoß-Ionisierung in den Kanalstrahlen und elektrolytische Ionisierung 34
8. Wechselseitige Durchquerung chemischer Atome 39

1. Stoß-Ionisierung chemischer Atome.

Die Struktur der chemischen Atome ist seit etwa zehn Jahren der Gegenstand zahlreicher theoretischer und experimenteller Untersuchungen. Vor allem die physikalische Forschung hat die Oberfläche und das Innere des einzelnen chemischen Atoms zu ergründen versucht, während die Chemie ihr Interesse begreiflicherweise der Verkettung der Atome untereinander zu Molekülen zugewandt erhielt. Gewissermaßen eine Rechtfertigung gegenüber der mit gutem Grund beobachteten Zurückhaltung vor dem schwierigen Problem der Atomstruktur, aber auch einen mächtigen Antrieb erhielt die Bearbeitung dieses Problems durch die Entdeckung des radioaktiven Zerfalls chemischer Atome. Durch sie wurde die Tatsache festgestellt, daß die chemischen Atome aus Bausteinen zusammengesetzt sind, deren Zusammenhalt das stabile einzelne Atom liefert, deren Umbau unter Ausstoßung einzelner Bausteine von der gegebenen Atomart zu einer neuen Atomart führt.

Die bei dem Umbau eines Atoms abgeschleuderten Teile oder corpuscularen Strahlen wurden zunächst an sich einer Untersuchung unterzogen. Es wurden bei allen Radioelementen zwei Arten solcher Strahlen festgestellt, nämlich erstens der β-Strahl oder ein negatives Elektron von großer Geschwindigkeit, zweitens der α-Strahl oder das positive Heliumatomion, das zwei positive Elementarladungen besitzt. In den Radioelementen kommen demnach zwei Arten gemeinsamer Bausteine vor, negative Elektrizität und positive Elektrizität, und zwar die negative Elektrizität jedenfalls zum Teil in Form einzeln abtrennbarer Elektronen, die positive Elektrizität untrennbar mit größeren Atomteilen verknüpft, die außerhalb des Atomverbandes positive Heliumatomionen darstellen. Dieses fundamentale Resultat über den Anteil elektrischer Elementarquanta an dem Aufbau chemischer Atome ist zunächst nur für eine beschränkte Anzahl von Elementen, nämlich für die Radioelemente durch die Analyse eines Vorganges, des Atomzerfalls, gewonnen, der sich von uns nicht künstlich einleiten und nicht umkehren läßt.

Jenes Resultat hat sich indes für alle Elemente durch die Zergliederung eines Vorganges bestätigen lassen, den wir vor- und rückläufig beherrschen, nämlich durch die Untersuchung der Ionisierung chemischer Atome. Auch hierbei hat die physikalische Forschung die Atomteile oder Atomreste im Zustande elektrischer Strahlen, nämlich als Kathoden- und Kanalstrahlen untersucht, um über ihren elektrischen Ladungszustand und ihre Masse Aufschluß zu erhalten.

Die Untersuchung der Kathodenstrahlen durch E. Wiechert, J. J. Thomson und Ph. Lenard und andere hat für das Problem der Atomstruktur das wichtige Resultat ergeben, daß in den Atomen aller chemischen Elemente negative Elektronen vorkommen, die für sich allein von dem Atom ohne dessen Zerfall abgetrennt und wieder angelagert werden können. Und die Untersuchung[1]) der Kanalstrahlen vor allem durch W. Wien und J. J. Thomson hat festgestellt, daß die positive Elektrizität nicht wie die negative für sich allein mit der Masse eines Elektrons von dem Atom abgetrennt werden kann, sondern daß sie, so lange das Atom nicht zerfällt, bei der Abtrennung negativer Elektronen mit dem Atomrest fest verbunden bleibt. Und zwar kann aus einem elektrisch neutralen Atom nicht bloß ein positiv einwertiges Atomion durch Abtrennung eines einzigen Elektrons entstehen, sondern für

---

[1]) H. v. Dechend u. W. Hammer, Bericht über die Kanalstrahlen im elektrischen und magnetischen Feld. Jahrb. d. Rad. u. El. 8, 34, 1911.

eine Reihe von Elementen ist das Vorkommen zwei- oder mehrwertiger positiver Atomionen nachgewiesen worden. Die Bildung mehrfach positiv geladener Atomionen nach Verlust mehrerer negativer Elektronen legt uns folgende Frage vor: Ist die gesamte positive Elektrizität eines Atoms einheitlich zu einem Individuum verbunden, etwa kontinuierlich durch den Raum einer Kugel verteilt, oder ist sie wieder diskontinuierlich in einzelne Quanten zerlegt, die miteinander durch gewisse Kräfte zu einem Gebäude verbunden sind? Die Erfahrung des Zerfalls eines Atoms in ein positiv zweiwertiges Heliumatomion und in ein Restatom, das selbst oder dessen Abkömmlinge selbst wieder α-Strahlen aussenden können, macht uns folgende Vermutung wahrscheinlich. Die positive Elektrizität eines chemischen Atoms ist nicht mit dem Atom als einem Ganzen untrennbar und unteilbar verknüpft, sondern ist quantenhaft an einzelne Teile eines Atoms untrennbar gebunden, ähnlich wie die abtrennbare negative Elektrizität im Zustand negativer Elektronen über das Atomgebäude verteilt ist; potitive Quanten und abtrennbare negative Elektronen kommen sowohl im Atominnern, wie an der Atomoberfläche vor. Insonderheit liegt es nahe, eine elektrische Struktur der Atomoberfläche anzunehmen, nämlich gegenüber relativ ausgedehnten positiven Teilen der Oberfläche punktförmige negative Elektronen anzuordnen, den Raum zwischen ihnen mit elektrischen Kraftlinien sich erfüllt zu denken und der elektrischen Kraft zwischen einem Oberflächenelektron und einer positiven Partie des eigenen oder eines fremden Atoms die Funktion der chemischen Valenzkraft zuzuweisen. Diese Vorstellung[1]) über die

---

[1]) J. Stark, Die Valenzlehre auf atomistisch elektrischer Basis. Jahrb. d. Rad. u. El. 5, 124, 1908.

In dem von mir angegebenen Atommodell bleibt das Valenzelektron in einem gewissen Abstand gegenüber der ihm zugeordneten positiven Fläche stehen. Damit ist stillschweigend die Annahme gemacht, daß zwischen den zwei elektrischen Elementarladungen nicht eine elektrische Kraft gemäß dem Coulombschen

Struktur der Atomoberfläche läßt sich für den Fall eines chemisch einwertigen elektropositiven oder elektronegativen Atoms durch die Kraftlinienbilder in Fig. 1 anschaulich machen.

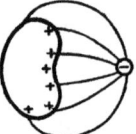 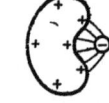

Fig. 1.

Elektropositives Atom. Elektronegatives Atom.

Es leuchtet ohne weiteres ein, daß die an der Atomoberfläche liegenden Valenzelektronen bei einem Zusammenstoß des Atoms mit einem schnellen corpuscularen Strahl

Gesetz wirksam ist. Entweder nämlich verlangt das Atommodell die Annahme, daß außer der anziehenden elektrischen Kraft auf das Valenzelektron noch eine Kraft anderer Art wirkt, welche es von seiner positiven Fläche fortstößt und in seiner Ruhelage der elektrischen Kraft das Gleichgewicht hält. Oder man muß annehmen, daß für die Kraftlinien-Konfiguration in der Ruhelage des Elektrons die elektrische Kraft auf dieses Null geworden ist.

Die Sachlage hinsichtlich der wechselseitigen Lage und Kraft zwischen Valenzelektron und zugeordneter positiver Sphäre ist für das von mir gegebene Atommodell dieselbe wie für das freie negative Elektron, etwa in den Kathodenstrahlen. Diesem wird ja eine bestimmte elektrische Ladung in einem kleinen Volumen zugeschrieben. Wollte man auf die Teile der Ladung des Elektrons das Coulombsche Gesetz anwenden oder überhaupt eine wechselseitige elektrische Kraft zwischen ihnen annehmen, so müßte man eine neue anziehende Kraft einführen, die der elektrischen Kraft das Gleichgewicht hält. Oder scheut man die Einführung einer neuen Kraft, so muß man sich zu der Annahme entschließen, daß für die dem freien Elektron eigentümliche Kraftlinien-Konfiguration die wechselseitige elektrische Kraft zwischen seinen Ladungsteilen Null ist.

Dieser ungeklärte Punkt in der Konstitution des negativen Elektrons hat indes bis jetzt weder den Experimentator noch den Theoretiker gehindert, mit dem negativen Elektron als einer Tatsache oder einer vorerst nicht weiter zu analysierenden Annahme zu rechnen. Und so möge man auch das von mir gegebene Atommodell für heuristische oder systematische Zwecke zulassen, ohne zuvor die Lösung letzter Probleme zu verlangen.

Folgender ausdrückliche Hinweis ist im Anschluß an das Vorhergehende vielleicht nicht überflüssig. Die Valenzelektronen verschie-

leichter als die im Atominnern gebundenen abtrennbaren Elektronen von ihren zugeordneten positiven Sphären weg fortgeworfen werden können. Die Ionisierung eines Atoms kann sich demnach wohl auch auf das Atominnere erstrecken oder mit anderen Worten, es mögen von einem chemischen Atom mehr negative Elektronen abgetrennt werden, als es Valenzelektronen an seiner Oberfläche besitzt; bei niederwertiger Ionisierung eines Atoms werden indes in erster Linie seine Valenzelektronen ins Spiel treten.

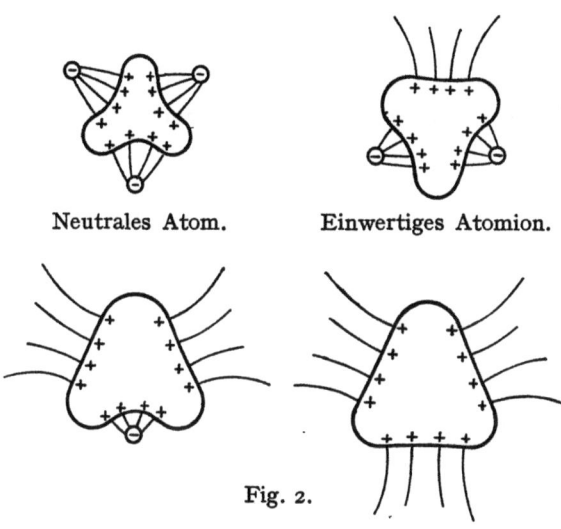

Neutrales Atom. Einwertiges Atomion.

Fig. 2.

Zweiwertiges Atomion. Dreiwertiges Atomion.

Von den drei Ionisierungsstufen eines chemisch dreiwertigen Atomions können wir zur Unterstützung der Vorstellung die vier Kraftlinienbilder in Fig. 2 entwerfen. Mit Absicht ist in ihnen der Umriß des Atomrestes von Stufe zu Stufe

---

dener Elemente, für sich genommen, haben dieselbe Konstitution, sie sind abtrennbar und können sich wechselseitig ersetzen. Verschieden dagegen voneinander sind von Element zu Element die ihnen zugeordneten positiven Flächen; deren Verschiedenheit bedingt die von Element zu Element verschiedene Kraftlinien-Konfiguration der Valenzelektronen und deren verschiedenen Abstand von den zugeordneten positiven Flächen.

geändert, und zwar sowohl in seiner Form wie in seinem Umfang. Die nach außen laufenden Kraftlinien an der ionisierten Atompartie werden nämlich diese nach außen zerren und somit die Atomoberfläche deformieren und das Atomvolumen vergrößern; gleichzeitig werden die zurückbleibenden Valenzelektronen fester an den Atomrest gekettet werden, was wir durch ein Heranschieben derselben an die Atomoberfläche zum Ausdruck bringen können.

Nun mag aber schon mancher ungeduldig werden und zur Aburteilung dieser zeichnerischen Konstruktion das Wort Spielerei in Bereitschaft halten. Indes gemach! Mit jener Konstruktion soll nichts behauptet, sondern lediglich ein Problem anschaulich und eindringlich aufgeworfen werden, nämlich folgendes Problem. Die einfache und sogar die mehrfache Ionisierung chemischer Atome ist in einer Reihe von Fällen experimentell nachgewiesen worden; da die abtrennbaren Valenzelektronen mit dem Atomrest im neutralen Zustand des Atoms in einem Gleichgewicht sich befinden, so bedeutet Ionisierung oder Abtrennung eines Valenzelektrons eine Änderung des elektrischen Zustandes des Atomrestes, eine Deformation oder eine Anspannung desselben. Ist nun diese Änderung des elektrischen Zustandes des Atoms verbunden mit einer Änderung anderer Eigenschaften des Atomrestes im Vergleich zu diesen Eigenschaften in dem neutralen Atom oder in dem Atomrest von anderer positiver Gesamtladung?

2. Die positiven Atomionen als Träger von Serienlinien.

Zur Beantwortung der vorstehenden Frage steht keine große Auswahl von Eigenschaften chemischer Atome zur Verfügung. Es kommen hierfür lediglich die optischen Eigenschaften, d. h. ihre optischen Frequenzen in Betracht, die wir aus den Längen der Lichtwellen ermitteln können, die bei der Schwingung elektromagnetischer Kraftfelder gewisser Atomteile zur Emission kommen. Daß die optischen

Frequenzen oder Spektra eines Atoms auf eine Änderung seines elektrischen Zustandes ansprechen, also eine gleichzeitige Änderung erfahren werden, ist ohne weiteres zu erwarten. Denn der Wert dieser Frequenzen und ihr Verhältnis zueinander ist ja eine Funktion der Kräfte auf die schwingungsfähigen Zentren im Atom; als Teile desselben Individuums werden diese Zentren durch die elektrische Änderung an einem Glied des Individuums in Mitleidenschaft gezogen, indem die Kräfte auf sie zusammen mit dem Gleichgewichtszustand oder mit der Spannung im Atom geändert werden. Wir können darum unsere Frage in folgender Weise spezialisieren. Ändert sich die Dynamik der inneren elektromagnetischen Schwingungen eines Atoms oder ein bestimmtes Spektrum desselben, wenn sein elektrischer Ladungszustand geändert wird? Oder mit anderen Worten, besitzt das neutrale Atom eines Elementes, sein positiv einwertiges Atomion, unter Umständen sein positiv zwei- oder dreiwertiges Atomion je ein eigenes, für es charakteristisches Spektrum?

Eine Antwort auf diese Frage liefert die spektralanalytische Untersuchung der Kanalstrahlen. Diese sind ja wenigstens zum Teil positive Atomionen und besitzen parallel derselben Achse eine Geschwindigkeit. Wir können sie einmal senkrecht zur Sehrichtung laufen lassen und erhalten dann die von ihnen emittierten Spektrallinien in ihrer normalen Lage; das andere Mal können wir sie in der Sehrichtung auf uns zulaufen lassen, dann müssen uns ihre Spektrallinien relativ zu ihrer normalen Lage gemäß dem bekannten Dopplerschen Prinzip verschoben erscheinen, und zwar nach kürzeren Wellenlängen. Die Erfahrung[1] bestätigt in der Tat diese Erwartung, wie für den Fall des Sauerstoffs gezeigt sei. In Fig. 3 auf der beigegebenen Tafel stellt das obere Spektrum Spektrallinien des Sauerstoffs in

---

[1] G. S. Fulcher, Bibliographie des Stark-Doppler-Effektes. Jahrb. d. Rad. u. El. 10, 82, 1913.

ihrer normalen Lage dar, wie sie der oscillatorische Funke liefert. Das darunter liegende Spektrum ist dasjenige der O-Kanalstrahlen in Sauerstoff, dem Helium beigemischt ist. Es treten in der Tat in dem Kanalstrahlen-Spektrogramm auf der kurzwelligen Seite der normalen oder ruhenden Spektrallinien neue, ziemlich breite Streifen auf. Daß statt einer einzigen verschobenen scharfen Linie eine kontinuierliche Reihe von verschobenen Linien in einem kontinuierlichen Streifen erscheinen, ist leicht aus dem Vorkommen einer kontinuierlichen Reihe von Kanalstrahlengeschwindigkeiten zu erklären; der Abstand irgendeiner Linie des bewegten Streifens von der ruhenden Linie ist nämlich, wie leicht zu sehen ist, proportional der Geschwindigkeit[1]) der Träger, welche die verschobene Linie emittiert haben; eine kontinuierliche Reihe von Abständen bedeutet darum eine kontinuierliche Reihe von Kanalstrahlen-Geschwindigkeiten. Das Intervall der vorkommenden Kanalstrahlen-Geschwindigkeiten wird begrenzt durch die Abstände der Ränder des bewegten Streifens von der ruhenden Linie.

Etwas unerwartet kommt die Erscheinung, daß in dem Kanalstrahlen-Spektrogramm neben den bewegten Spektralstreifen auch noch die zugehörigen ruhenden Linien auftreten. Aber auch sie erklärt sich bei näherer Untersuchung ungezwungen; die ruhenden Linien[2]) werden nämlich von solchen Atomen emittiert, die sich nicht im Kanalstrahlenbündel mitbewegen, die indes von Kanalstrahlen gestoßen werden, ohne dabei eine merkliche Geschwindigkeit zu erhalten.

Alle bis jetzt eingehend untersuchten Linien eines chemischen Elementes, die vom Lichtbogen oder Funken emittiert werden und die wenigstens zum Teil in bekannter

---

[1]) Ist der Abstand einer verschobenen Linie von ihrer normalen Lage $\Delta\lambda$ Wellenlänge, λ die normale Wellenlänge, c die Lichtgeschwindigkeit, so ist die Geschwindigkeit des Trägers der verschobenen Linie $v = \dfrac{c\,\Delta\lambda}{\lambda}$.

[2]) J. Stark, Ann. d. Phys. 42, 163, 1913.

Weise sich zu Spektralserien haben ordnen lassen, zeigen in den Kanalstrahlen das geschilderte Verhalten, nämlich eine bewegte Intensität. Nun wird die Geschwindigkeit der Linienträger dadurch gewonnen, daß positive Atomionen dank ihrer elektrischen Ladung vom elektrischen Feld vor der Kathode nach dieser zu beschleunigt werden und dann durch deren Kanäle als corpusculare Strahlen mit beträchtlicher Geschwindigkeit verlaufen. Es liegt darum die Folgerung nahe, daß die Träger der bewegten Streifen im Kanalstrahlen-Spektrogramm positive Atomionen seien. Indes hat die elektromagnetische Analyse der Kanalstrahlen vor allem durch W. Wien und J. J. Thomson ergeben, daß neben den Strahlen positiver Atomionen im allgemeinen auch noch Strahlen neutraler Atome vorkommen, und zwar bilden sich diese neutralen Strahlen[1]) durch Elektronisierung aus positiven Strahlen — nämlich dadurch, daß ein Teil der positiven Strahlen bei Zusammenstößen mit ruhenden Gasatomen negative Elektronen anlagert.

Dieses gleichzeitige Vorkommen von positiven und neutralen Strahlen in einem Kanalstrahlenbündel macht es zunächst zweifelhaft, ob die bewegten Streifen der Serienlinien den Strahlen positiver Atomionen oder neutraler Atome zuzuordnen sind. Indes hat sich doch ein Fall[2]) auffinden lassen, in welchem in den Kanalstrahlen nur positive Atomionen vorkommen und gleichzeitig die bewegten Streifen der Serienlinien auftreten. In diesem Falle dürfen wir also mit Sicherheit die positiven Atomionen als die Träger der Serienlinien ansprechen.

Ferner hat sich im Falle des Heliums[3]) zeigen lassen,

---

[1]) J. Stark, Phys. Zeitschr. 4, 583, 1903. — W. Wien, Ann. d. Phys. 27, 1029, 1908; 30, 349, 1909. — J. J. Thomson, Phil. Mag. 16, 557, 1908; 18, 821, 1909. — J. Koenigsberger u. K. Kilchling, Verh. d. D. Phys. Ges. 12, 995, 1910. — H. v. Dechend u. W. Hammer, Ber. d. Heidelb. Ak. 1910, Nr. 21.
[2]) O. Reichenheim, Ann. d. Phys. 33, 748, 1910.
[3]) J. Stark, A. Fischer u. H. Kirschbaum, Ann. d. Phys. 40, 499, 1913.

daß die Vermehrung der Zahl der positiven Strahlen begleitet ist von einer Zunahme der bewegten Intensität der Serienlinien in den Kanalstrahlen, eine Erscheinung, aus der ebenfalls zu folgern ist, daß die positiven Atomionen die Träger der Serienlinien sind. Es sei hier nicht näher auf diese Beobachtungen eingegangen, es sei lediglich bemerkt, daß hierbei die Vermehrung der positiven He-Atomionstrahlen durch Zusatz eines elektronegativen Gases

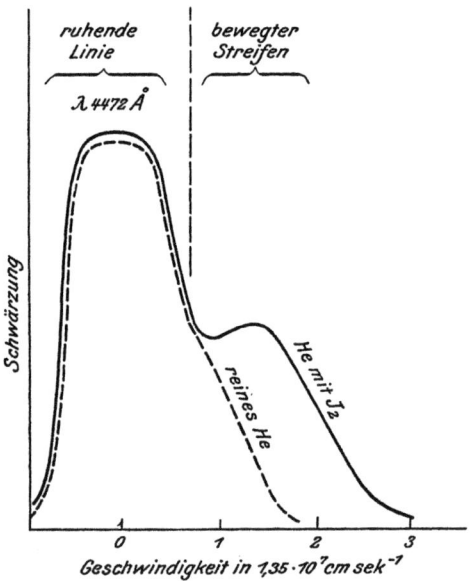

Fig. 4. He-Kanalstrahlen.

zu Helium, nämlich durch Zusatz von Sauerstoff oder Jod, bewirkt wurde. In Fig. 4 sind übereinander die durch Messung der photographischen Schwärzungen erhaltenen Kanalstrahlenbilder der He-Linie λ 4472 Å einmal in reinem Helium, das andere Mal in Helium mit etwas Jod dargestellt. Es ist ohne weiteres zu erkennen, daß die Beimischung des elektronegativen Gases die bewegte Intensität der He-Linie relativ zur ruhenden vergrößert und sie außerdem in einen größeren Abstand von dieser, also nach größeren Geschwindigkeiten schiebt.

Wenn nun, wie es in Wirklichkeit zutrifft, für einige chemische Elemente erwiesen ist, daß ihre positiven Atomionen Träger von Serienspektren sind, so dürfen wir gemäß der bewährten spektralen Analogie der chemischen Elemente folgern, daß dieser Satz allgemein gültig ist, daß also den positiven Atomionen Serienspektren eigentümlich sind.

3. Spektra verschiedenwertiger Atomionen desselben Elements.

Mit der vorstehenden Feststellung haben wir indes die aufgeworfene Frage noch nicht beantwortet, nämlich die Frage, ob eine Änderung in dem Zustand positiver Ladung eines Atoms mit einer Änderung seines Spektrums verbunden ist. Wir haben zunächst nur eine Vorfrage erledigt, nämlich die Frage nach der Art von Spektren, die wir positiven Atomionen zuzuordnen haben, an denen wir also zur Beantwortung unserer Hauptfrage geeignete Beobachtungen anstellen müssen. Wir können zu diesem Ziele zwei Wege beschreiten. Erstens können wir prüfen, ob das neutrale Atom ein anderes Serienspektrum besitzt als das positiv einwertige Atomion. Aus technischen Gründen hat sich dieser Weg bis jetzt erst in einem Falle gangbar erwiesen; nämlich, um nur das Resultat zu erwähnen, für Quecksilber[1]) hat sich wahrscheinlich machen lassen, daß sein neutrales Atom weit draußen im Ultraviolett eine Serie einfacher Linien besitzt, während seinem positiv einwertigen Atomion Serien von Duplets anderer Wellenlänge eigentümlich sind.

Der zweite Weg führt über die Sonderfrage, ob das positiv einwertige Atomion ein anderes Serienspektrum

---
[1]) J. Stark, G. Wendt u. H. Kirschbaum, Ann. d. Phys. **42**, Heft 2, 1913.

als das zweiwertige, dieses wieder ein anderes Spektrum als das dreiwertige Atomion besitzt.

Auf den ersten Blick erscheint es einfach, diese Frage auf Grund folgender Überlegung zu beantworten. Ein positiv einwertiges Atomion von der Ladung $1e$ gewinnt aus der frei durchlaufenen maximalen Spannungsdifferenz V vor der Kathode die maximale kinetische Energie $\frac{1}{2} m v_{\mathrm{I}}^2 = 1 \, e \, V$, das zweiwertige Ion die maximale Energie $\frac{1}{2} m v_{\mathrm{II}}^2 = 2 \, e \, V$, das dreiwertige die Energie $\frac{1}{2} m v_{\mathrm{III}}^2 = 3 \, e \, V$. Es entstehen so drei Intervalle von Kanalstrahlengeschwindigkeiten, das ein-, zwei- und dreiwertige Intervall, deren obere Grenzen sich wie $1 : \sqrt{2} : \sqrt{3}$ verhalten.

Würde nun ein einwertiges Atomion, das einwertig vor der Kathode beschleunigt worden ist, auf seinem ganzen Weg hinter der Kathode unverändert seine einfache Ladung beibehalten, so würden seine Serienlinien nur im einwertigen Geschwindigkeitsintervall bewegte Intensität zeigen. Und würde ein ursprünglich zwei- oder dreiwertiges Atomion auf seinem ganzen Weg hinter der Kathode seine zwei- oder dreifache positive Ladung beibehalten, so würden seine Serienlinien nur im zwei- bez. dreiwertigen Geschwindigkeitsintervall bewegte Intensität aufweisen. Unter der Voraussetzung der Unveränderlichkeit der Ladung der positiven Strahlen hinter der Kathode würden sich also die maximalen Verschiebungen der bewegten Streifen wie $1 : \sqrt{2} : \sqrt{3}$ verhalten, und es wäre leicht, die Serienlinien des ein-, zwei- und dreiwertigen Atomions zu erkennen und zu unterscheiden.

In Wirklichkeit bleibt aber der Ladungszustand der positiven Strahlen auf ihrem Wege hinter der Kathode nicht unverändert. Wie sich positiv einwertige Strahlen durch Anlagerung eines Elektrons in neutrale Strahlen verwandeln, so können sich dreiwertige oder zweiwertige Atomstrahlen einfach oder mehrfach elektronisieren und somit in ein- bzw. zweiwertige Strahlen auf ihrem Wege sich verwandeln. Umgekehrt können neutrale ein- oder zweiwertige Strahlen durch den Stoß auf ruhende Gasmoleküle sich selbst einfach oder mehrfach ionisieren. Und nach dem Spiele des Zufalls werden sich an einem und demselben Teilchen von einer bestimmten Geschwindigkeit Ionisierung und Elektronisierung ablösen und in buntem Wechsel seinen Ladungszustand[1]) ändern. Fig. 5 gibt in graphischer Darstellung eine Anschauung von den Schicksalen, die ein ursprünglich ein-, zwei- oder dreiwertiges Atomion von

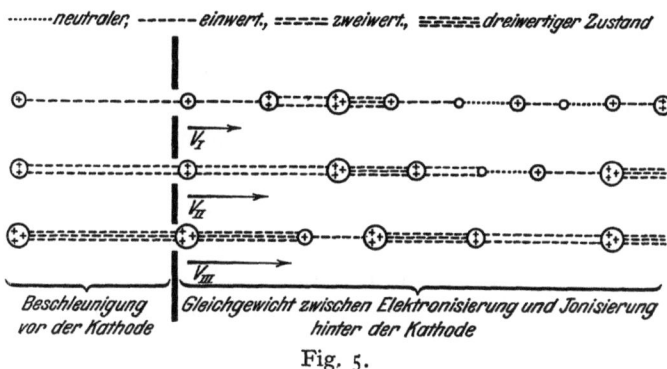

Fig. 5.

ein- (v_I), zwei- (v_{II}) oder dreiwertiger (v_{III}) Geschwindigkeit auf seinem Wege hinter der Kathode bei Zusammenstößen infolge von Elektronisierung und Ionisierung erlebt. Man sieht, daß ein und derselbe Strahl von derselben Geschwindigkeit auf gewissen Strecken seines Weges positiv einwertig, auf anderen Strecken positiv zwei- oder drei-

---

[1]) Daß sich aus neutralen Kanalstrahlen durch Ionisierung positive Strahlen bilden, ist zuerst von W. Wien (Ann. d. Phys. **13**, 667, 1904; **27**, 1029, 1908; **30**, 349, 1909) vermutet und nachgewiesen worden. Daß sich zwischen ein- und mehrwertigen positiven Kanalstrahlen infolge von Elektronisierung und Ionisierung herstellt, konnte ich aus den von mir und meinen Mitarbeitern gewonnenen Verteilungskurven der bewegten Intensität der Spektrallinien der Kanalstrahlen (Ann. d. Phys. **40**, 532, 1913) folgern. Über die elementaren Vorgänge bei der Elektronisierung und Ionisierung der Kanalstrahlen vgl. J. Stark, Phys. Zeitschr. **14**, 768, 1913.

wertig ist. Es kommen demnach hinter der Kathode positiv einwertige Strahlen im ein-, zwei- und dreiwertigen Geschwindigkeitsintervall vor, ebenso kommen zwei- und dreiwertige Strahlen in den drei Geschwindigkeitsintervallen vor. Dieser Umstand hat für die Verteilung der bewegten Intensität der Serienlinien der drei Ionenarten eine wichtige Folge. Es wird nämlich die Linie eines einwertigen Ions im allgemeinen nicht bloß im einwertigen Geschwindigkeitsintervall bewegte Intensität gewinnen, sondern gleichzeitig auch im zwei- und dreiwertigen Intervall. Und da gleiches für die Linien der zwei- und dreiwertigen Ionen gilt, so hat es den Anschein, als ob die Kanalstrahlenbilder der drei Linienarten ein übereinstimmendes Aussehen gewinnen, so daß ihre Unterscheidung und Zuordnung zu bestimmten Trägern unmöglich werden könnte. Glücklicherweise werden in Wirklichkeit die Kanalstrahlenbilder der Spektrallinien verschiedenwertiger Atomionen zwar in der Tat infolge des Spieles von Elektronisierung und Ionisierung mehr oder minder ähnlich, indes weisen sie in den meisten Fällen gleichwohl so charakteristische Unterschiede auf, daß sich die Linien auf Grund ihres Vergleiches als ein-, zwei- oder dreiwertig identifizieren lassen. Wie nur kurz erwähnt sei, bewirkt Unterschiede der Umstand, daß einwertige Linien schwer bei großer Geschwindigkeit emittiert werden können, weil ein lichterregender Stoß bei großer Geschwindigkeit einen einwertigen Strahl durch Ionisierung leicht zwei- oder dreiwertig macht; umgekehrt kommen hochwertige Linien schwieriger bei kleiner Geschwindigkeit zur Emission, weil sich bei kleiner Geschwindigkeit hochwertige Ionen schwieriger behaupten, vielmehr durch Elektronisierung leichter in einwertige Ionen sich verwandeln.

Diese Verhältnisse seien an zwei Beispielen klar gemacht. Fig. 6 gibt die Kanalstrahlenbilder zweier Al-Linien[1]) für einen Kathodenfall von 8000 Volt; bei den

---

[1]) J. Stark, R. Künzer u. G. Wendt, Ber. Berl. Akad. **24**, 430, 1913; Ann. d. Phys. **42**, Heft 2, 1913.

damit erzielten Geschwindigkeiten fehlen noch die dreiwertigen Linien im Kanalstrahlen-Spektrogramm. Fig. 7

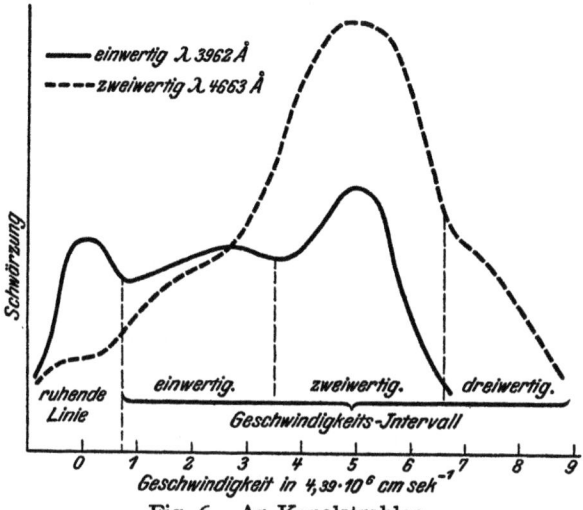

Fig. 6. Ar-Kanalstrahlen.

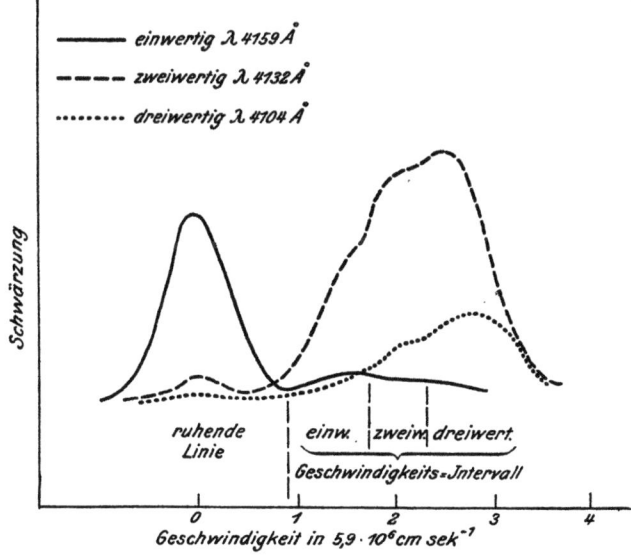

Fig. 7. Al-Kanalstrahlen.

gibt die Kanalstrahlenbilder von Linien des ein-, zwei- und dreiwertigen Atomions von Argon[1]). Die Deutung derartiger Kanalstrahlenbilder ist auf Grund der gegebenen Überlegungen nicht schwer. Dies sei nur an dem Beispiel der zweiwertigen Linie in den zwei vorstehenden Figuren gezeigt. Die bewegte Intensität in ihrem zweiwertigen Geschwindigkeitsintervall rührt von solchen zweiwertigen Atomionen her, die mit doppelter positiver Ladung den Kathodenfall durchlaufen haben, die Intensität im einwertigen Intervall von solchen zweiwertigen Atomionen, die sich aus ursprünglich einwertigen Ionen durch Stoßionisierung hinter der Kathode gebildet haben, die Intensität im dreiwertigen Intervall endlich von solchen zweiwertigen Atomionen, die dreiwertig vor der Kathode beschleunigt worden sind und hinter der Kathode durch Elektronisierung in zweiwertige Ionen sich umgebildet haben.

Welches ist nun das allgemeine Resultat derartiger spektralanalytischer Untersuchungen an Kanalstrahlen? Antwort: Bildet ein chemisches Element in den Kanalstrahlen neben einwertigen Atomionen auch noch zwei- oder höherwertige Atomionen, so gibt sich eine jede Atomionenart in einem charakteristischen Verhalten der von ihr emittierten Spektrallinien kund, und zwar ist das Linienspektrum des einwertigen Atomions verschieden von demjenigen des zweiwertigen Ions und dieses wieder verschieden von dem Spektrum des dreiwertigen Atomions. Die Änderung des Zustandes der positiven Ladung eines chemischen Atoms ist also verbunden mit einer Änderung der optischen Dynamik des Atoms.[2])

---

[1]) J. Stark u. H. Kirschbaum, Ber. Münch. Akad. 1913, 331; Ann. d. Phys. 42, Heft 2, 1913.

[2]) Der Vollständigkeit halber sei darauf hingewiesen, daß auch positive Molekülkanalstrahlen vorkommen. Besitzen diese (z. B. positives O_2-Ion oder S_2-Ion) ein Serienspektrum, so ist es verschieden von demjenigen der Atomionen (z. B. positives O- oder S-Ion). Über den elektromagnetischen Nachweis von positiven Molekülkanalstrahlen vgl. vor allem J. J. Thomson, Jahrb. d. Rad. u. El.

— 23 —

In der ohne weiteres verständlichen nachstehenden Tabelle ist eine Übersicht[1]) über die Atomionen chemischer Elemente gegeben, welchen bis jetzt bestimmte Spektrallinien auf Grund ihres Kanalstrahlenverhaltens zugeeignet sind.

Elemente	Bis jetzt nachgewiesene Atomionen
Wasserstoff[2])	H_+
Natrium[3])	Na_+
Kalium[4])	K_+
Magnesium[5])	Mg_+, Mg_{++}
Quecksilber[6])	Hg_+, Hg_{++}, Hg_{+++}, Hg_{++++}
Bor[5])	B_+, B_{++}
Aluminium[7])	Al_+, Al_{++}, Al_{+++}
Kohlenstoff[5])	C_+, C_{++}
Silicium[5])	Si_+, Si_{++}
Stickstoff[8])	N_+, N_{++}, N_{+++}
Sauerstoff[9])	O_+, O_{++}, O_{+++}
Schwefel[8])	S_+, S_{++}, S_{+++}
Chlor[8])	Cl_+, Cl_{++}, Cl_{+++}
Jod[8])	J_+, J_{++}, J_{+++}
Helium[10])	He_+, He_{++}
Argon[11])	Ar_+, Ar_{++}, A_{+++}

8, 197, 226, 1911; Phil. Mag. 24, 209, 1912, über den spektralanalytischen Nachweis solcher Strahlen vgl. J. Stark, Verh. der D. Phys. Ges. 15, Nr. 17, 1913.

[1]) Vgl. J. Stark, Vergleich der Resultate der elektromagnetischen und der spektralen Analyse der Kanalstrahlen. Phys. Zeitschr. 14, Heft 19, 1913.
[2]) J. Stark, Phys. Zeitschr. 6, 892, 1905; Ann. d. Phys. 21, 401, 1906.
[3]) E. Gehrcke u. O. Reichenheim, Phys. Zeitschr. 8, 724, 1907.
[4]) J. Stark u. K. Siegl, Ann. d. Phys. 21, 457, 1906.
[5]) G. Wendt, die Veröffentlichung d. Beobachtungen steht bevor.
[6]) J. Stark, W. Hermann u. S. Kinoshita, Ann. d. Phys. 21, 462, 1906; J. Stark, G. Wendt u. H. Kirschbaum, Ann. d. Phys. 42, Heft 2, 1913.
[7]) J. Stark, R. Künzer u. G. Wendt, Berl. Ber. 24, 430, 1913; Ann. d. Phys. 42, Heft 2, 1913.
[8]) J. Stark u. R. Künzer, die Veröffentlichung der Beobachtungen steht bevor.
[9]) J. Stark, G. Wendt u. H. Kirschbaum, Phys. Zeitschr. 14, 770, 1913.
[10]) J. Stark, A. Fischer u. H. Kirschbaum, Ann d. Phys. 40, 499, 1913.
[11]) J. Stark u. H. Kirschbaum, Münch. Ber. 1913, S. 313; Ann. d. Phys. 42, Heft 2, 1913.

4. Bogen- und Funkenspektra chemischer Elemente.[1]

Es ist eine schon lange bekannte Tatsache, daß eines und dasselbe chemische Element verschiedene Spektra zeigen kann. Diese merkwürdige Erscheinung fiel zunächst bei den metallischen Elementen auf, die im Lichtbogen ein Spektrum liefern; als sie im oscillatorischen oder kondensierten Funken spektral untersucht wurden, boten viele von ihnen ein anderes Spektrum dar, in dem neben neuen Linien die im Lichtbogen emittierten Linien unsichtbar oder nur wenig intensiv waren. Dieses Verhalten charakterisierte man dadurch, daß man zwischen dem Bogen- und dem Funkenspektrum eines Elements unterschied.

Im oscillatorischen Funken ist wegen der großen momentanen Stromstärke die spezifische elektrische Leistung (Ampère $\times$ Volt/cm^3) im durchströmten Gas sehr viel größer als im Lichtbogen. In diesem Unterschied wird man von vornherein den Grund für das Auftreten verschiedener Spektra vermuten, und auf Grund dieser Vermutung prüfen, ob auch metalloidale Elemente, die sich nicht im gewöhnlichen Lichtbogen zu Lichtemission anregen lassen, in der positiven Säule in Geißlerröhren bei schwachem Strom (Glimmstrom) ein anderes Linienspektrum entwickeln als bei sehr starker momentaner Belastung, wenn die Röhre im Schwingungskreis eines vor sie geschalteten oscillatorischen Funkens in freier Luft liegt. Dies ist in der Tat bei den meisten metalloidalen Elementen der Fall. Und in Erweiterung des ursprünglichen Begriffes des Bogen- und Funkenspektrums kann man darum diese zwei Bezeichnungen auch auf die zwei Spektra metalloidaler Elemente für geringe und für große spezifische elektrische Leistung in der positiven Säule anwenden.

Nachdem so für die meisten Elemente aller Vertikalreihen des periodischen Systems das Vorkommen zweier Arten von

---

[1] Vgl. J. Stark, Bogen- und Funkenlinien (ein- und mehrwertige Linien) in den Kanalstrahlen. Phys. Zeitschr. 14, 102, 1913.

Linienspektren festgestellt ist, erhebt sich die Frage, ob das Bogen- und das Funkenspektrum einen und denselben Träger haben und nur unter verschiedenen Bedingungen zur Emission kommen oder ob sie verschiedenen Trägern zuzuordnen sind, die unter verschiedenen Bedingungen in verschiedenen Zahlen gebildet werden. Es ist dies eine Frage, die bereits vor längerer Zeit mehrere hervorragende Geister beschäftigt hat, und unter ihnen war Norman Lockyer so kühn zu behaupten, daß beim Übergang von einem Spektrum zu einem anderen ein Element ebenso in Teile zerfalle und dann verschiedene Spektra der Teile liefere, wie wir es heutzutage für die Radioelemente als festgestellt annehmen dürfen.

Aber gerade die Erfahrungen über die Radioelemente haben es zweifellos gemacht, daß die Lockyersche Hypothese über den Ursprung der verschiedenen Linienspektra eines Elements nicht den Tatsachen entspricht. Die spektralanalytische Untersuchung der Kanalstrahlen hat vielmehr zwanglos und fast ungesucht eine andere Antwort auf jene große spektralanalytische Frage gegeben. Nachdem wir festgestellt haben, daß eines und dasselbe chemische Element verschiedenwertige positive Atomionen zu bilden vermag und daß diese verschiedene Spektra besitzen, brauchen wir lediglich deren Auftreten im Bogen- und Funkenspektrum des Elements zu vergleichen. Da hat sich denn nun folgendes allgmeine Resultat ergeben: Ist das Funkenspektrum eines Elements von seinem Bogenspektrum verschieden, so hat dieses im allgemeinen einwertige Atomionen, jenes höherwertige Atomionen des Elementes als Träger. So weist das Bogenspektrum des Aluminiums eine Reihe von Duplets auf, diese haben das positiv einwertige Al-Atomion als Träger; im Funkenspektrum sind diese Duplets im Verhältnis zu einer Reihe neuer Linien sehr schwach und diese haben zum Teil das positiv zweiwertige, zum Teil das dreiwertige Al-Atomion als Träger. Oder das Argon (Fig. 8 in der angefügten Tafel) liefert bei mäßiger Stromdichte in der Geißlerröhre ein Bogenspektrum (gewöhnlich „rotes" Spektrum genannt), das von positiv einwertigen Ar-Atomionen emittiert wird, bei großer Stromdichte dagegen ein Funkenspektrum („blaues" Spektrum), dessen Linien zum größeren Teil dem zweiwertigen, zum kleineren Teil dem dreiwertigen Ar-Atomion angehören. Oder um auch ein metalloidales Element anzuführen, Schwefel (Fig. 9 in der angefügten Tafel) entwickelt bei mäßiger Stromdichte in der positiven Säule zwei Arten von Bogenlinien, von denen die einen (z. B. λ 4773 Å) wahrscheinlich dem positiv einwertigen zweiatomigen S_2-Molekülion, die anderen (z. B. λ 4158 Å) dem positiv einwertigen S-Atomion zuzuordnen sind; im Funken fehlen diese Spektra und es erscheinen zahlreiche Linien des zwei- und dreiwertigen S-Atomions.

Es ist leicht, das Auftreten der Spektra der Atomionen eines Elements in verschiedener Intensität unter verschiedenen Bedingungen zu deuten. Die mehrfache Ionisierung eines Atoms erfordert nämlich eine größere kinetische Energie des stoßenden Kanal- oder Kathodenstrahls als die einfache Ionisierung. Bei der kleinen Geschwindigkeit der Teilchen in der positiven Säule des Glimmstromes oder Lichtbogens können darum durch den Stoß langsamer Kathodenstrahlen oder langsamer Moleküle entsprechend einer relativ niedrigen Temperatur überwiegend nur einwertige Atomionen geschaffen werden; dagegen ist bei der sehr hohen Temperatur in dem oscillatorischen Funken dank den vorkommenden großen molekularen Geschwindigkeiten die Chance für die mehrfache Ionisierung der Atome günstiger als für die einfache, es überwiegt darum unter dieser Bedingung die Zahl und mit ihr die Lichtemission der mehrwertigen Atomionen.

Auf den ersten Blick erscheint es somit möglich, von dem Vorkommen eines Bogen- und eines Funkenspektrums eines Elements auf das Vorkommen ein- und mehrwertiger Atomionen dieses Elements zu schließen. So besitzen die

Alkalien Na, K, Rb, Cs außer einem Bogenspektrum, das ihrem einwertigen Atomion zuzuweisen ist, noch ein Funkenspektrum. Dies läßt uns vermuten, daß von dem Atom dieser Elemente bei hoher Temperatur (großer kinetischer Energie der stoßenden Teilchen) außer dem Valenzelektron noch weitere Elektronen abgetrennt werden können. Indes ist der vorstehende Schluß von dem Bogen- und Funkenspektrum eines Elements auf seine Atomionen nicht sicher und bedarf immer der Nachprüfung durch die Kanalstrahlenanalyse. Denn einerseits ist möglich, daß bereits im Bogenspektrum eines Elementes neben den „positiv einwertigen" Linien solche der zwei- oder sogar der dreiwertigen Atomionen, wenn auch in kleiner Intensität, vorkommen; ein Beispiel hierfür ist das Helium und das leicht ionisierbare Quecksilber. Andererseits treten im Funkenspektrum[1]) miteinander gemischt, ohne sicher voneinander unterschieden werden zu können, gleichzeitig die Linien der zwei-, drei- oder vierwertigen Linien auf; ja es ist der Fall bekannt, daß Linien einwertiger Atomionen, so diejenigen der zweiten Nebenserie von Duplets, im Bogen schwach, im Funken viel intensiver sind, da ihre Emission eine intensive Anregung beansprucht oder da für sie die Absorption geringer ist als für andere einwertige Linien. Der Vergleich von Bogen- und Funkenspektrum kann darum die spektrale Kanalstrahlenanalyse nicht ersetzen, hat sie vielmehr zur Voraussetzung.

---

[1]) Da das Funkenspektrum eines Elements im allgemeinen ein Gemisch der Spektra seiner Atomionen darstellt, so ist es um so linienreicher, je mehr verschiedene Atomionen ein Element bei hoher Temperatur zu bilden vermag; so besitzen innerhalb einer Vertikalreihe des periodischen Systems die schwereren Elemente im allgemeinen linienreichere Spektra als die leichteren Elemente, da sie mehr Elektronen als diese abtrennen lassen.

5. Mehrfache Ionisierung chemischer Atome und die Zahl ihrer Valenzelektronen.[1])

Wenn wir die Valenz eines chemischen Atoms auf die Anwesenheit eines Valenzelektrons an seiner Oberfläche zurückführen, so werden wir beim Anblick der obigen Tabelle sofort an einen Vergleich der Zahl der positiven Ladungsquanten mit der Zahl seiner Valenzelektronen denken. Diese setzen wir für ein metallisches Element gleich der Zahl der Valenzen, die es gegenüber Fluor oder Chlor betätigt, für ein metalloidales Element gleich der Zahl der Valenzen gegenüber Wasserstoff.

Die an der Oberfläche eines Atoms liegenden Valenzelektronen sind abtrennbar. Ein Atom wird darum mindestens soviel positive Ladungsquanten als Atomion aufweisen können, als es Valenzelektronen besitzt. Nun wäre es verfehlt, zu erwarten, daß in jener Tabelle, der bis jetzt in den Kanalstrahlen spektral analytisch untersuchten Elemente ein jedes im Maximum soviel positive Ladungsquanten aufweist, nicht mehr und nicht weniger, als der Zahl seiner Valenzelektronen entspricht.

Es ist ja einmal möglich, daß es bis jetzt noch nicht gelungen ist, unter den gewählten Versuchsbedingungen alle Valenzelektronen eines Atoms durch Stoßionisierung (Kathoden-, Kanalstrahlen) von ihm abzuschlagen. Dieser Fall liegt vor bei Bor, das chemisch dreiwertig ist, bis jetzt aber nur positiv ein- und zweiwertige Atomionen in den Kanalstrahlen nach der spektralen Methode lieferte. Er liegt weiter vor bei dem vierwertigen Kohlenstoff und Silicium, für die bis jetzt erst ein- und zweiwertige Atomionen in den Kanalstrahlen nachgewiesen wurden.

Auf der andern Seite dürfen wir aber auch auf Grund der von mir gegebenen Auffassung von der elektrischen

---

[1]) Vgl. J. Stark, Über die mehrfache positive Ladung chemischer Atome. Phys. Zeitschr. 14, Heft 19, 1913.

Struktur des chemischen Atoms den Fall[1]) erwarten, daß von einem Atom durch Stoßionisierung mehr negative Elektronen abgetrennt werden können, als der Zahl seiner Valenzelektronen entspricht. Gemäß jener Auffassung kommen nämlich nicht bloß an der Atomoberfläche, sondern auch im Atominnern abtrennbare negative Elektronen vor. Sie sind hier wie dort gegenüber oder zwischen positiven Quanten angeordnet und haben die Aufgabe, deren positive Ladung zu neutralisieren. Die an der Atomoberfläche liegenden Valenzelektronen werden infolge einer Stoßerschütterung zuerst der Abtrennung verfallen; nach ihnen können aber unter Umständen auch Elektronen aus dem Atominnern abgetrennt werden, sei es unmittelbar durch den Stoß genügend schneller bis in das Atominnere vordringender Kathoden- oder Kanalstrahlen, sei es mittel-

---

[1]) Von He konnten bis jetzt zwei, von Ar drei, von B zwei, von Al drei Elektronen abgetrennt werden; Hg vom Atomgewicht 200 ließ sogar sieben Elektronen abtrennen. Diese Erfahrungen lassen vermuten, daß allgemein ein Element innerhalb derselben Vertikalreihe des periodischen Systems negative Elektronen in desto größerer Zahl oder desto leichter abtrennen läßt, je größer sein Atomgewicht ist. Indes gilt dieser Satz offenbar nicht unabhängig von der Zugehörigkeit zu einer Vertikalreihe. Denn je nach dieser Zugehörigkeit ist die Bildung mehrwertiger Atomionen verschieden. So liefert der dreiwertige Stickstoff dreiwertige Atomionen noch ziemlich leicht; dagegen hat Herr G. Wendt im Aachener Physik. Institut bei dem nur um zwei Einheiten im Atomgewicht hinter C stehenden Kohlenstoff selbst unter Bedingungen, die für die Bildung hochwertiger Ionen günstig sind, nur zweiwertige C-Atomionen nachweisen können. Die Schwierigkeit, mehr als zwei Valenzelektronen vom C-Atom abzutrennen, hängt vielleicht mit der Kleinheit des Atomvolumens dieses Elements zusammen. Ist nämlich das Volumen eines Atoms im Verhältnis zu seinem Gewicht klein, so liegen in ihm negative Elektronen und positive Quanten dicht beisammen. Soll also von dem zweiwertigen Atomion ein drittes Elektron abgetrennt werden, so wirkt auf dieses von Seite der zwei positiven Ladungen in seiner nächsten Nähe eine große Kraft und macht den Aufwand einer großen Arbeit an ihm notwendig. An dem Hg-Atom dagegen vom Gewicht 200 mögen die einzelnen Ionisierungsstellen weit auseinanderliegen, so daß ohne eine große Gegenkraft von seiten dicht benachbarter positiver Ladungen sogar sieben Elektronen abgetrennt werden können.

bar durch die Energie einer vom Stoß ausgelösten Schwingung. In der Tat konnte auf spektralem Wege die Abtrennung von vier Elektronen vom Hg-Atom nachgewiesen werden und J. J. Thomson[1]) fand auf Grund der elektromagnetischen Analyse der Kanalstrahlen sogar fünf-, sechs- und siebenwertige Hg-Atomionen. Weiter ließen sich für das chemisch einwertige Chlor zwei- und dreiwertige Atomionen nachweisen und für den zweiwertigen Sauerstoff dreiwertige Atomionen wahrscheinlich machen.

Weiter versteht man auch, daß die Edelgase, denen die chemische Valenz abgesprochen wird, gleichwohl positive Atomionen zu bilden vermögen. Auch an ihrer Oberfläche oder in ihrem Innern kommen nämlich abtrennbare negative Elektronen vor; nur sind diese gegenüber oder zwischen positiven Flächen so angeordnet, daß sie von ihnen bei Annäherung fremder Atome keine Kraftlinien loslösen und an positive Flächen fremder Atome binden können. Ein Beispiel hierfür ist, daß positiv ein- und zweiwertige He-Atomionen, ein-, zwei- und dreiwertige Ar-Atomionen in den Kanalstrahlen vorkommen.

Außer den zwei eben diskutierten Fällen gibt es nun begreiflicherweise auch solche Fälle, in denen die bis jetzt festgestellte maximale Zahl der positiven Ladungsquanten von Atomionen mit der Valenzzahl übereinstimmt. Ein Beispiel hierfür ist der dreiwertige Stickstoff, für den in den Kanalstrahlen positiv ein-, zwei- und dreiwertige Atomionen aufgefunden worden sind. Vor allem aber ist bemerkenswert, daß der chemisch streng einwertige Wasserstoff, unter so mannigfaltigen Versuchsbedingungen er bis jetzt auch untersucht worden ist, in den Kanalstrahlen nur positiv einwertige Atomionen zu bilden vermag. Sollte das H-Atom nur ein einziges abtrennbares negatives Elektron und somit nur ein einziges positives Ladungsquantum enthalten?

---

[1]) J. J. Thomson, Phil. Mag. 12, 668, 1912.

Nachdem im Vorstehenden neben den Valenzelektronen an der Oberfläche auf die abtrennbaren Elektronen im Atominnern hingewiesen ist, sei hier noch auf eine Beziehung zwischen abtrennbaren Elektronen und positiven Ladungsquanten aufmerksam gemacht. Besitzt ein Atom, z. B. das Hg-Atom, mehrere positive Ladungsquanten zum Teil an seiner Oberfläche, zum Teil in seinem Innern, so darf man nicht die zu enge Annahme machen, daß ein jedes Elektron an der Oberfläche oder im Innern nur einem einzigen positiven Quantum seine Kraftlinien zusendet; insofern es mehreren positiven Quanten nahe ist oder sogar zwischen ihnen liegt, wird es im allgemeinen seine Kraftlinien an mehrere positive Quanten gebunden halten, ähnlich wie ein Valenzelektron in chemischen Verbindungen seine Kraftlinien zum Teil an eine positive Partie des eigenen Atoms, zum Teil an eine positive Partie eines anderen Atoms geheftet hält.

6. Zwei Arten negativer Elektronen im chemischen Atom?

Wie oben festgestellt wurde, ändern gewisse schwingungsfähige Zentren im chemischen Atom ihre Frequenzen, wenn negative Elektronen von ihm abgetrennt werden. Diese Zentren sind also sowohl im neutralen Atom wie im positiven ein- oder zweiwertigen Atomion vorhanden, nur sind ihre Frequenzen hier andere als dort. Welcher Art sind nun diese mit dem Atom bei der Ionisierung verbunden bleibenden schwingungsfähigen Zentren? Oder mit anderen Worten, welches ist die Art der Zentren, von denen die Spektrallinien der positiven Atomionen emittiert werden?

Die Antwort auf diese Frage wird durch die Untersuchung des Verhaltens dieser Spektrallinien im Magnetfeld, durch ihren Zeeman-Effekt[1]), gegeben. Durch diese Untersuchung läßt sich nämlich feststellen, daß die Zentren

---

[1]) Zusammenstellung der Literatur: J. Stark, Die elementare Strahlung. S. Hirzel, Leipzig 1911, S. 144.

der Serienlinien (Bogen- und Funkenlinien) chemischer Elemente negative Elektronen sind.

Dieses Resultat, daß die Zentren der Spektra der positiven Atomionen negative Elektronen sind, kommt überraschend. Eher hätte man erwarten können, daß jene schwingungsfähigen Teile in den positiven Atomionen selbst positiv geladene Atomteile, etwa positive Elektronen seien. Indes wir müssen uns vor der Erfahrung beugen und als tatsächlich festgestellt hinnehmen, daß in den chemischen Atomen nach Abtrennung von Elektronen, die an ihrer Oberfläche oder im Innern liegen, noch weitere Elektronen im positiven Atomrest verbleiben, deren periodische Bewegung die Emission der Serienlinien von seiten der positiven Atomionen ergibt.

Sind nun diese an das Atom gebundenen negativen Elektronen, die die Zentren der Serienlinien sind, ebenfalls abtrennbar, gehören sie also zu der Gruppe der abtrennbaren Elektronen, die an der Oberfläche oder im Innern des Atoms zur Neutralisierung positiver Ladungsquanten verteilt sind? Oder stellen sie eine neue Art negativer Elektronen dar, die ganz anders im Atom gebunden sind, eine ganz andere Dynamik als die abtrennbaren Etektronen besitzen?

Wie es scheint, ist die zweite Frage zu bejahen. Eine solche Auffassung wird uns zunächst durch den Zusammenhalt folgender Tatsachen nahegelegt. Vom Wasserstoff hat sich bis jetzt nur ein einziges Elektron abtrennen lassen; sein Atom scheint kein zweites abtrennbares Elektron zu besitzen. Ähnlich läßt das Helium-Atom selbst bei den sehr großen Geschwindigkeiten, die es als α-Strahl besitzt, nur zwei Elektronen von sich abtrennen. Gleichwohl bringt das positiv einwertige H-Atomion und das positiv zweiwertige He-Atomion Serienlinien zur Emission, deren Zentren gemäß ihrem Zeeman-Effekt negative Elektronen sind.

Eine weitere Unterstützung dieser Auffassung gewinnen

wir in folgender Überlegung. Wenn die negativen Elektronen der Serienspektra positiver Atomionen auf eine prinzipiell andere Art im chemischen Atom gebunden sind als die abtrennbaren Elektronen, etwa die Valenzelektronen, so muß die Dynamik jener Elektronen eine andere als diejenige der Valenzelektronen sein. Worin drückt sich nun das Kraftgesetz der Bindung von Elektronen aus? Einmal in der Art des Zeeman-Effektes der Elektronenschwingungen, sodann auch in dem Verhältnis der möglichen Elektronenfrequenzen oder in der Art der Formel, die die möglichen Frequenzen einer Elektronenart als Funktion einer Reihe ganzer Zahlen zu berechnen gestattet.

Ehe wir an einen Vergleich der Serienspektra mit den Spektren der Valenzelektronen herantreten, müssen wir über diese erst Sicherheit geschaffen haben. Nun kann heutzutage nur mehr wenig Zweifel an der Richtigkeit der von mir aufgestellten Hypothese[1]) bestehen, daß die Zentren der Bandenspektra die Valenzelektronen der chemischen Atome sind. Die Absorption von Licht in den äußersten ultravioletten Banden eines Bandensystems hat nämlich totale Abtrennung von Valenzelektronen oder Ionisierung zur Folge, und die Änderung der Art der Bindung der Valenzelektronen eines Atoms zieht eine Änderung im Bandenspektrum des ·Atoms nach sich.

Der Vergleich der Dynamik der abtrennbaren negativen Elektronen mit der Dynamik der nicht abtrennbaren negativen Elektronen eines chemischen Atoms läuft somit auf einen Vergleich der Banden- und der Serienspektra hinaus. Wie nun bekannt ist, zeigen die Bandenlinien im Magnetfeld ein prinzipiell anderes Verhalten als die Serien-

---

[1]) J. Stark, Die elementare Strahlung, S. 102. Vgl. ferner: Die ultravioletten Absorptionsbanden der wechselseitigen Bindung von Kohlenstoffatomen. I.: J. Stark, W. Steubing, C. J. Enklaar u. P. Lipp, I. Methodik, Äthylenbindung. II.: J. Stark u. P. Lipp, Acetylenbindung. III.: J. Stark u. P. Levy, Benzolbindung. Jahrb. d. Rad. u. El. 10, 139, 1913.

linien. Ferner sind die Frenquenzenformeln[1]) der zwei Arten von Spektren prinzipiell voneinander verschieden (Serienformel $N = \dfrac{N_0}{(1+a)^2} - \dfrac{N_0}{(m+b)^2}$, Bandenformel $N = A(m+\alpha)^2 + c$, worin N die Frequenz, m eine ganze Zahl in einer Reihe aufeinander folgender Zahlen, N_0, a, b, A, α, c Konstanten sind).

Diese Verschiedenheit der Dynamik der zwei Arten von Spektren macht es wahrscheinlich, daß ihre Zentren, negative Elektronen, in einer prinzipiell verschiedenen Art im chemischen Atom gebunden sind, daß also in diesem zwei Arten negativer Elektronen vorkommen, nämlich abtrennbare Elektronen — zu ihnen gehören die Valenzelektronen — und negative Elektronen, die untrennbar an positive Ladungsquanten gebunden sind.

7. Stoßionisierung in den Kanalstrahlen und elektrolytische Ionisierung.

Mancher Leser mag bei dem Worte Atomion an die elektrolytischen Ionen gedacht haben und nach der Zuordnung bestimmter Linienspektra zu Atomionen chemischer Elemente mag er zu folgender Schlußfolgerung geneigt sein: positive Atomionen, nämlich zahlreiche Kationen, kommen auch in Elektrolyten vor; sind den positiven Atomionen gewisse Spektrallinien eigentümlich, so müssen diese, die in den Kanalstrahlen in Emission erscheinen, an geeigneten Elektrolyten in Absorption herauskommen.

Es ist aber bekannt, daß zahlreiche positive elektrolytische Ionen, z. B. von H, Na, Hg, keine Absorptionslinien im sichtbaren Spektrum aufweisen, die den Emissionslinien ihrer positiven Atomionen entsprechen würden. Ist nun vielleicht unsere Feststellung über die Spektra der positiven Atomionen unrichtig? Oder enthält die obige Überlegung über die elektrolytischen Ionen einen Fehler?

---

[1]) J. Stark, Die elementare Strahlung, S. 42, 72.

In dieser Überlegung werden die elektrolytischen positiven Ionen ohne weiteres als Atomionen angesprochen. In den Lehrbüchern wird in der Tat das Kation eines Elements immer so bezeichnet, z. B. H_+, Na_+, Hg_{++}, und so behandelt, als ob es ein Atomion wäre. Wo indes ist der Beweis geführt, daß die elektrolytischen positiven Ionen Atomionen sind, wie die oben behandelten positiven Kanalstrahlionen? Nirgends! Die obige Überlegung enthält darum eine unbewiesene Voraussetzung. Steht darum die aus dieser gezogene Folgerung in Widerspruch mit den Tatsachen, so dürfen wir umgekehrt schließen, daß die Voraussetzung falsch ist.

Halten wir nämlich die Tatsache der Emissionspektra der positiven Atomionen chemischer Elemente mit der Tatsache des Fehlens der entsprechenden Absorptionsspektra bei ihren elektrolytischen positiven Ionen zusammen, so müssen wir folgern, daß die elektrolytischen positiven Ionen keine Atomionen sind, sondern gegenüber diesen in der Weise verändert sind, daß ihre optischen Frequenzen ganz andere als diejeinigen der positiven Atomionen in verdünnten Gasen sind.

Es ist nicht schwer, sich wenigstens eine ungefähre Vorstellung von dem Zustand der elektrolytischen positiven Ionen zu machen. HCl z. B. ist als Gas bei Zimmertemperatur nicht in merkbarem Betrage elektrisch leitend oder ionisiert, dagegen ist es dies in wässeriger Lösung in beträchtlichem Grade. Hieraus ist zu schließen, daß die elektrolytische Ionisierung nicht an mehreren H Cl-Molekülen bei ihren Zusammenstößen infolge des thermischen Zustandes etwa wie bei der Ionisierung durch den Stoß eines Kathodenstrahles oder Kanalstrahls sich abspielt, darum auch nicht auf dem Stoß eines H_2O-Moleküls gegen ein HCl-Molekül beruhen kann. Vielmehr muß hierbei eine Wechselwirkung[1]) der zwei Moleküle dank ihrer Valenz-

---

[1]) Es wäre verfehlt, wenn man die elektrolytische Ionisierung aus der Dielektrizitätskonstante des Lösungsmittels etwa mit

elektronen sich betätigen oder mit anderen Worten bei der elektrolytischen Ionisierung eines Moleküls spielt sich zwischen ihm und Molekülen des Lösungsmittels eine Art chemischer Prozeß ab oder es geht zunächst das Molekül als solches und nach seiner Dissoziation seine positive und seine negative Komponente eine chemische Verbindung mit einer gewissen Anzahl von Molekülen des Lösungsmittels ein. Das elektrolytische positive Ion ist demnach nicht ein Atomion, sondern ein vielleicht ziemlich kompliziertes Molekülion aus einem positiv geladenen Atom als Kern und einer Anzahl an ihn gehefteter Moleküle der Lösung. Das seines eigenen Elektrons beraubte Ladungsquantum des positiven Atomkernes hat von seiten der Valenzelektronen der an ihn gehefteten Moleküle eine Anzahl von Kraftlinien an sich gezogen und befindet sich darum

---

folgender Überlegung erklären wollte. Die elektrische Kraft zwischen zwei Ladungen von bestimmter Größe ist umgekehrt proportional der Dielektrizitätskonstante des Mediums zwischen den zwei Ladungen. In einem Lösungsmittel wie Wasser, das eine große Dielektrizitätskonstante besitzt, ist darum die elektrische Kraft zwischen der positiven und der negativen Ladung der zu bildenden Ionen klein und darum ihre Dissoziation zu Ionen möglich.

In dieser Überlegung ist übersehen, daß die Dielektrizitätskonstante für endliche Volumenelemente und endliche Ladungen definiert ist (vgl. J. Stark, Die elektrischen Quanten. S. Hirzel 1910, S. 33), nicht für elektrische Elementarquanten und das zwischen ihnen innerhalb eines Moleküls liegende Volumen. Das Medium in diesem Volumen zwischen den Elementarquanten ist nicht das endliche Medium, für welches die Dielektrizitätskonstante definiert ist. Für die Wirkung auf die Elementarquanten im Volumen eines Moleküls kommen vielmehr nur die wenigen unmittelbar diesem benachbarten Moleküle in Betracht.

Daß ein Gang zwischen der Dielektrizitätskonstante und dem Dissoziationsvermögen eines Lösungsmittels besteht, soll mit vorstehendem Hinweis natürlich nicht verkannt werden. Ein indirekter Zusammenhang zwischen Dielektrizitätskonstante und dem Dissoziationsvermögen ist darin begründet, daß, je leichter die Valenzelektronen der Moleküle des Lösungsmittels Kraftlinien für eine Reaktion mit den zu bildenden Ionen eines elektrolytischen Moleküls frei machen, sie auch um so mehr Kraftlinien für die dielektrische Polarisation in einem endlichen elektrischen Feld zur Verfügung stellen.

in einem anderen Zustand als das positive Atomion. Während alle Kraftlinien, die von der positiven Ionenladung nach außen laufen, aus dem positiven Atomion selbst entspringen, gehören sie beim elektrolytischen positiven Ion nur zum Teil dem positiven Atomkern, zum Teil den an ihn gehefteten Molekülen an.

Somit ist einerseits erklärt, warum das elektrolytische positive Ion eines Elements nicht das Spektrum seines positiven Atomions in Absorption zeigt, andererseits sind wir durch diese Tatsache zu einer mehr der Wirklichkeit entsprechenden Auffassung des elektrolytischen Ions geführt worden. Wie bekannt ist, hat die Diskussion der spezifischen Geschwindigkeiten der elektrolytischen Ionen und ihrer Temperaturkoeffizienten zu einer ähnlichen Auffassung geführt, nämlich zu der Folgerung, daß die elektrolytischen Ionen eine Hülle von Lösungsmolekülen um einen positiven oder negativen Kern seien.

Im Anschluß hieran sei noch kurz das Verhalten elektropositiver und elektronegativer Elemente bei der elektrolytischen Dissoziation beleuchtet. Ein elektrolytisch dissoziierbares Element haben wir uns gemäß der von mir aufgestellten Valenzhypothese als eine Verbindung zwischen einer elektropositiven und elektronegativen Komponente vorzustellen. So liefert die Verbindung der zwei Elemente von verschiedener Oberflächenstruktur in Fig. 1 das salzartige Molekül in Fig. 10; die ausgedehnte positive Sphäre der elektronegativen Komponente hat dank deren Affinität zum negativen Elektron das Valenzelektron des elektropositiven Elementes dicht an sich herangeholt. Bei der elektrolytischen Dissoziation werden auch die letzten Kraftlinien dieses Valenzelektrons

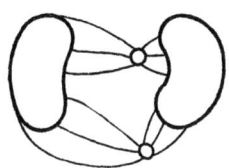

Fig. 10. Elektrolytisch dissoziierbares Molekül.

nach seinem Atom gelöst, indem dessen positiver Sphäre zum Ersatz der wenigen von ihr in der Verbindung beanspruchten Kraftlinien nach Valenzelektronen andere Kraftlinien von seiten der sich anlagernden Lösungsmoleküle dargeboten werden. Zur Veranschaulichung des elektrischen Zustandes der so entstehenden elektrolytischen Ionen dient die Fig. 11; in ihr sind der Einfachheit halber nur je zwei Lösungsmoleküle an die elektrischen Kerne angelagert; zudem sind von jedem Lösungsmolekül der Einfachheit halber nur zwei Valenzelektronen eingezeichnet.

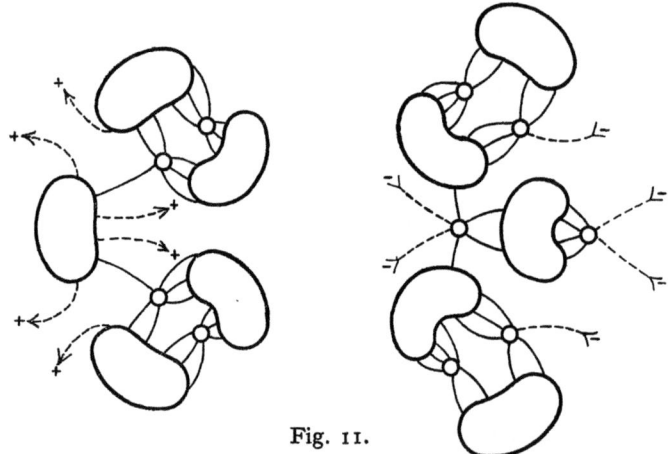

Fig. 11.

Positives elektrolytisches Ion.   Negatives elektrolytisches Ion.

Diejenigen Kraftlinien, die die Ladung des Ions nach außen bedingen, sind durch Strichelung ausgezeichnet.

Von der vorstehenden Auffassung des Verhaltens elektropositiver und elektronegativer Komponenten eines Moleküls bei der elektrolytischen Ionisierung ist nur ein Schritt zu der Frage, ob sich ein derartiger Unterschied zweier chemischer Elemente nicht auch bei der Dissoziation ihrer Verbindung durch den Stoß von Kathoden- und Kanalstrahlen kund tut. Ist dies der Fall, so dürfen wir erwarten, daß z. B. ein Kanalstrahl beim Stoß auf eine salzartige Verbindung, dessen Molekül so zerschlägt, daß das elektropositive Atom ohne seine Valenzelektronen frei wird, indem diese von der elektronegativen Komponente wie bei der elektrolytischen Ionisierung festgehalten werden. Diese Erwartung wird durch die Erfahrung vollauf bestätigt Läßt man nämlich Kanalstrahlen auf feste farblose Verbindungen von elektropositiven und elektronegativen Elementen fallen, z. B. auf NaCl, CaF_2, MgO, so wird wohl das Metallatom, nicht aber das Metalloid als positives Atomion herausgeworfen, wie sich durch die Beobachtung von dessen Spektrallinien unmittelbar an der Oberfläche der Verbindung feststellen[1]) läßt. Und bringt man Kanalstrahlen in einer Atmosphäre von HCl oder $AlCl_3$ zum Verlauf, so erscheinen weitaus in überwiegender Intensität die ruhenden Serienlinien des H-Atomions und diejenigen der Al-Atomionen, nicht diejenigen der Cl-Ionen; die Dissoziation erfolgt also unter Ionisierung der elektropositiven Komponente der Verbindung[2]).

8. Wechselseitige Durchquerung chemischer Atome.

Noch vor anderthalb Jahrzehnt hatte man ziemlich allgemein die Auffassung, daß das Innere der chemischen Atome angenähert kontinuierlich mit Stoff erfüllt und für andere Atome undruchdringlich sei. Hierzu war einerseits der Chemiker durch die Erfahrung der Konstanz seiner Elemente geführt worden, andererseits der Physiker durch die Voraussetzung vollkommen elastischer Zusammenstöße von Gasmolekülen in der kinetischen Theorie.

Die erste Erschütterung dieser einfachen Auffassung brachten vor allem Lenards Beobachtungen über den Durchgang von schnellen Kathodenstrahlen durch ziemlich

---

[1]) Vgl. V. Carlheim-Gyllensköld, Arch. f. Mat., Astr. och Fys. 4, Nr. 33, 1908. — J. Stark u. G. Wendt, Serienemission an festen Metallverbindungen durch Kanalstrahlen. Ann. d. Phys. 38, 669, 1912.

[2]) J. Stark, Elektronenaffinität bei der Stoßionisierung von Atomen in chemischen Verbindungen. Verh. d. D. Phys. Ges. 15, Nr. 17, 1913.

dicke Substanzschichten, somit zweifellos durch die chemischen Atome selbst. Gefördert wurde dann die Bildung einer neuen Auffassung von der Raumerfüllung des chemischen Atoms durch die Erfahrung der Radioaktivität und ihre Theorie. Nachdem festgestellt war, daß aus chemischen Atomen α-Teilchen ausgestoßen werden können und neue Atome sich hierbei bilden, war es nicht mehr schwierig, das chemische Atom als einen Aufbau aus einzelnen unterschiedlichen Teilchen mit Zwischenräumen sich vorzustellen. Aber sind diese Atomteile, negative Elektronen und positive Teile von der Größe des He-Atoms, dicht nebeneinander gelagert, oder zwar fest verbunden, aber doch durch relativ große Zwischenräume voneinander getrennt? Die Tatsache von der Durchquerung eines chemischen Atoms durch einen Kathodenstrahl reichte zu einer sicheren Antwort auf diese Frage nicht aus; denn das negative Elektron besitzt ja relativ zum Atom nur eine sehr kleine Masse, verlangt also vielleicht aus diesem Grunde nur enge Lücken im Atomgefüge bei dessen Durchquerung.

Einen großen Fortschritt in dieser Richtung brachte Rutherfords Nachweis, daß die α-Teilchen sehr schnelle He-Atomionen seien. Denn von den α-Strahlen wußte man bereits ebenfalls, daß sie chemische Atome zu durchqueren vermögen. So stand man vor der Tatsache, daß das He-Atom bei sehr großer Geschwindigkeit ein anderes chemisches Atom sogar zentral längs seines größten Durchmessers zu durchfliegen vermag.

Wenn nun auch diese Tatsache kaum mehr einen Zweifel daran läßt, daß das chemische Atom ein ziemlich weitmaschiger, wenn auch ungemein fester Zusammenbau unterschiedlicher Teile ist, so möchte man für die Begründung einer so fundamentalen Auffassung doch die Gewißheit haben, daß die Fähigkeit, ein anderes chemisches Atom zu durchqueren, nicht allein dem He-Atom dank einer hierfür vielleicht besonders günstigen Struktur eigentümlich ist, sondern bei allen chemischen Atomen wiederkehrt.

Die Erfahrungen am α-Strahl scheinen den Weg für eine derartige Untersuchung vorgezeichnet zu haben: Man muß chemische Atome, die andere durchqueren sollen, zu schnellen Strahlen (Kanalstrahlen) machen und dann prüfen, ob sie als solche eine dünne feste Schicht der anderen Atome zu durchfliegen vermögen. Nun ließ sich in der Tat nachweisen[1]), daß Kanalstrahlen, insbesondere H-Strahlen, durch die oberste Schicht eines festen Körpers zu dringen vermögen. Da indes die hierbei von den Kanalstrahlen durchflogene Schicht sehr dünn ist, so ist nicht sicher, ob in dieser Erscheinung eine wechselseitige Durchquerung von Kanalstrahl und gestoßenem Atom mitwirkt. Denn leichter als eine Durchquerung des Atominnern ist eine Durchquerung der zwischenmolekularen Kraftfelder zwischen benachbarten Molekülen im festen Körper oder der innermolekularen Kraftfelder zwischen den Atomen eines Moleküls. Das Eindringen von Kanalstrahlen in feste Körper mag darum lediglich durch zwischen- und innermolekulare Kraftfelder erfolgen.

Soll ein Atom ein anderes durchqueren, wenn auch nicht zentral, so doch in den äußeren Schichten, so muß es auf dieses stoßen. Nun wird der Stoß eines Kanalstrahlenatoms auf ein ruhendes Gasatom in vielen Fällen dadurch der Beobachtung zugänglich, daß er von der Emission der Serienlinien des beim Stoß ionisierten Atoms begleitet wird. Man kann darum folgende Überlegung anstellen.

Stößt ein Kanalstrahl auf ein ruhendes Gasatom, so wird er auf dasselbe, wenn er es nicht durchquert, eine gewisse Geschwindigkeit übertragen, und dank dieser werden dann die vom gestoßenen Atom emittierten Serienlinien einem dem Kanalstrahl und dem von ihm fortgestoßenen Atom entgegenblickenden Beobachter nach kleineren Wellenlängen verschoben erscheinen. Wenn da-

---

[1]) J. Stark u. G. Wendt, Über das Eindringen von Kanalstrahlen in feste Körper. Ann. d. Phys. 38, 921, 1912. Vgl. K. Glimme u. J. Koenigsberger, Ber. d. Heidelb. Ak. 1913, Nr. 3.

gegen das Kanalstrahlenatom das ruhende Gasatom durchquert, so wird es dasselbe zwar ionisieren und zu einer Lichtemission anregen, ihm aber hierbei keine merkliche Geschwindigkeit erteilen; es werden in diesem Falle die von dem gestoßenen Atom emittierten Serienlinien keine Verschiebung zeigen, sondern in ihrer ganzen Intensität ruhend erscheinen.

Die Beobachtungen an den ruhenden Serienlinien[1]) in den Kanalstrahlen haben nun folgendes Resultat ergeben. Nur in einem einzigen Fall, nämlich wenn atomlich schwerere Kanalstrahlen als Aluminium auf Atome dieses Elementes stoßen, erschien bis jetzt ein sehr kleiner Bruchteil der von den gestoßenen Al-Atomen emittierten Intensität entsprechend einer kleinen Geschwindigkeit verschoben. Dagegen liefert der Stoß von H-, He-, O-, N-, Al-, S-, Cl-, Ar-, Hg-Strahlen auf ruhende Atome dieser Elemente selber oder auf H- und He-Atome nur ruhende Serienlinien ohne eine merkbare an sie sich anschließende bewegte Intensität. Hieraus folgt, daß in allen diesen Fällen Kanalstrahlenatom und gestoßenes Atom während ihres Zusammenstoßes sich wechselseitig durchqueren. Diese Durchquerung ist freilich hierbei jedenfalls in den meisten Fällen nicht eine zentrale, sondern erstreckt sich lediglich auf die oberen Atomschichten.

Das so gewonnene Resultat konnte noch aus einer anderen Erscheinung gefolgert werden. Wie bereits oben dargelegt wurde, kann ein großer Teil der Kanalstrahlen beim Auftreffen auf einen festen Körper durch zwischen- und innermolekulare Kraftfelder in seine Oberflächenschicht eindringen. Indes wird ein Teil auf Atome im festen Körper selbst stoßen. Es kommen in diesem Falle wieder zwei Möglichkeiten in Betracht. Einmal kann das gestoßene Atom dem Kanalstrahl das Eindringen in sein Inneres verwehren und ihn zurückwerfen; an den bewegten Streifen

---

[1]) J. Stark, Beobachtungen über die Emission ruhender Serienlinien durch Kanalstrahlen. Ann. d. Phys. 42, 163, 1913.

der Linien der reflektierten Kanalstrahlen kann man dann die Tatsache der Reflexion feststellen. Oder es kann der Kanalstrahl das gestoßene Atom in der festen Oberfläche durchqueren und in diese eindringen, es werden sich dann keine Reflexionen von Kanalstrahlen auf spektralanalytischem Wege nachweisen lassen.

Die Erfahrung[1]) hat nun folgende Lösung des hiermit aufgeworfenen Problems ergeben. Nur relativ langsame H- und He-Strahlen werden an Glas reflektiert; schnelle H- und He-Strahlen, ferner O-, S-, Cl-, Ar-, Hg-Strahlen von mehr als 4000 Volt Kathodenfall werden an Glas nicht in merkbarem Betrag reflektiert.

Durch die in diesem Abschnitt zusammengestellten Tatsachen wird für den Physiker und für den Chemiker je eine wichtige fundamentale Auffassung begründet. Der Physiker darf die chemischen Atome nur bei kleinen relativen Geschwindigkeiten als elastische Körper in wechselseitigen Zusammenstößen behandeln, bei großer relativer Geschwindigkeit ist der Stoß von Atomen aufeinander unelastisch (Ionisierung, Lichterregung, wechselseitige Durchquerung). Der Chemiker darf sich seine Atome nicht als eine lochfreie Verkettung unterschiedlicher Teilchen vorstellen, sondern hat sie als zwar sehr feste, aber doch weitmaschige Strukturen aufzufassen, die sich bei großer Geschwindigkeit wechselseitig zu durchqueren vermögen, während sie bei kleiner Geschwindigkeit wie undurchdringlich sich verhalten und nur mit ihren Oberflächen in eine wechselseitige Reaktion treten.

---

[1]) Vgl. J. Stark, Über Reflexion von Kanalstrahlen. Ann. d. Phys. 42, 231, 1913.

Stark, Atomionen.

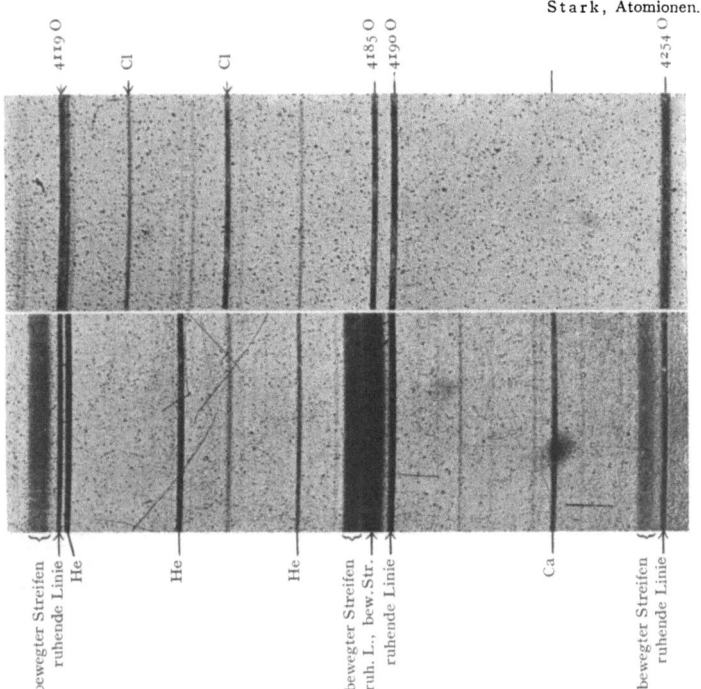

Fig. 3. Oben O-Funkenspektrum (Wellenlängen in Å).
Unten O-Kanalstrahlen in O_2 und He auf den Beobachter zulaufend.

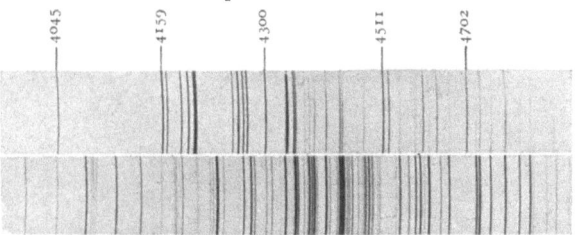

Fig. 8. Oben Ar-Bogenspektrum („rotes" Spektrum).
Unten Ar-Funkenspektrum („blaues" Spektrum).

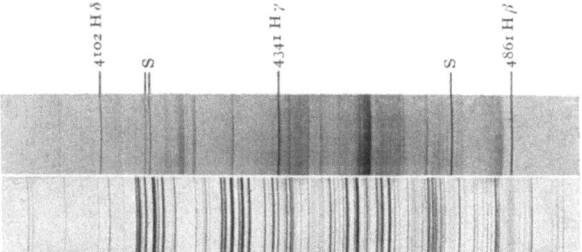

Fig. 9. Oben S-Bogenspektrum ($H\beta$, $H\gamma$, $H\delta$ Wasserstofflinien).
Unten S-Funkenspektrum.

Verlag von Julius Springer in Berlin.

MIX
Papier aus verantwortungsvollen Quellen
Paper from responsible sources
FSC® C105338

If you have any concerns about our products,
you can contact us on
ProductSafety@springernature.com

In case Publisher is established outside the EU,
the EU authorized representative is:
**Springer Nature Customer Service Center GmbH
Europaplatz 3, 69115 Heidelberg, Germany**

Printed by Libri Plureos GmbH
in Hamburg, Germany